U0598797

真相秘密研究

熊 伟 编著　丛书主编 周丽霞

海洋：直通大海的深处

汕头大学出版社

图书在版编目（CIP）数据

　　海洋：直通大海的深处 / 熊伟编著. -- 汕头：汕
头大学出版社，2015.3（2020.1重印）
　　（学科学魅力大探索 / 周丽霞主编）
　　ISBN 978-7-5658-1684-0

　　Ⅰ．①海… Ⅱ．①熊… Ⅲ．①海洋－青少年读物
Ⅳ．①P7-49

　　中国版本图书馆CIP数据核字(2015)第027420号

海洋：直通大海的深处　　HAIYANG：ZHITONG DAHAI DE SHENCHU

编　　著：熊　伟
丛书主编：周丽霞
责任编辑：汪艳蕾
封面设计：大华文苑
责任技编：黄东生
出版发行：汕头大学出版社
　　　　　广东省汕头市大学路243号汕头大学校园内　邮政编码：515063
电　　话：0754-82904613
印　　刷：三河市燕春印务有限公司
开　　本：700mm×1000mm　1/16
印　　张：7
字　　数：50千字
版　　次：2015年3月第1版
印　　次：2020年1月第2次印刷
定　　价：29.80元
ISBN 978-7-5658-1684-0

前　言

　　科学是人类进步的第一推动力，而科学知识的学习则是实现这一推动的必由之路。在新的时代，社会的进步、科技的发展、人们生活水平的不断提高，为我们青少年的科学素质培养提供了新的契机。抓住这个契机，大力推广科学知识，传播科学精神，提高青少年的科学水平，是我们全社会的重要课题。

　　科学教育与学习，能够让广大青少年树立这样一个牢固的信念：科学总是在寻求、发现和了解世界的新现象，研究和掌握新规律，它是创造性的，它又是在不懈地追求真理，需要我们不断地努力探索。在未知的及已知的领域重新发现，才能创造崭新的天地，才能不断推进人类文明向前发展，才能从必然王国走向自由王国。

　　但是，我们生存世界的奥秘，几乎是无穷无尽，从太空到地球，从宇宙到海洋，真是无奇不有，怪事迭起，奥妙无穷，神秘莫测，许许多多的难解之谜简直不可思议，使我们对自己的生命现象和生存环境捉摸不透。破解这些谜团，有助于我们人类社会向更高层次不断迈进。

其实，宇宙世界的丰富多彩与无限魅力就在于那许许多多的难解之谜，使我们不得不密切关注和发出疑问。我们总是不断去认识它、探索它。虽然今天科学技术的发展日新月异，达到了很高程度，但对于那些奥秘还是难以圆满解答。尽管经过许许多多科学先驱不断奋斗，一个个奥秘不断解开，并推进了科学技术大发展，但随之又发现了许多新的奥秘，又不得不向新的问题发起挑战。

宇宙世界是无限的，科学探索也是无限的，我们只有不断拓展更加广阔的生存空间，破解更多奥秘现象，才能使之造福于我们人类，人类社会才能不断获得发展。

为了普及科学知识，激励广大青少年认识和探索宇宙世界的无穷奥妙，根据最新研究成果，特别编辑了这套《学科学魅力大探索》，主要包括真相研究、破译密码、科学成果、科技历史、地理发现等内容，具有很强系统性、科学性、可读性和新奇性。

本套作品知识全面、内容精炼、图文并茂，形象生动，能够培养我们的科学兴趣和爱好，达到普及科学知识的目的，具有很强的可读性、启发性和知识性，是我们广大青少年读者了解科技、增长知识、开阔视野、提高素质、激发探索和启迪智慧的良好科普读物。

目 录

海洋的形成......................001

海水的来源......................005

海水的温度......................009

海水的成分......................013

海水的味道......................017

海洋中的淡水井 021

海水呈蓝色的原因 025

浪花呈白色的原因...........029

沙滩比海水热的原因........033

海水的淡化处理 037

海水密度跃层 041

海冰味淡的原因 045

海水不结冰的原由 049

海平面上升的原因 053

海洋冰山的来历 057

海光的形成 061

海和洋的区别 065

海洋中的海流 069

海流形成的原因 073

海洋中的暖流 077

海洋潮汐的产生 081

海洋的探测方法 083

用之不竭的海洋能源 087

不断变化的海岸线 091

海洋上的海雾 095

反复无常的海洋旋涡 099

厄尔尼诺现象 103

海洋的形成

　　当我们看见浩瀚无边的海洋时，也许会禁不住思考：在很久很久以前，海洋是怎样形成的呢？

　　大约在46亿年前，宇宙中不断出现一些大大小小的星云团块。它们一边绕太阳旋转，一边自转。它们在运动过程中，彼此之间不断地碰撞，有些团块结合在了一起，由小变大，逐渐形成原始的地球。

　　这些团块在碰撞的过程中，由于引力的作用，自身急剧收缩，并释放出热量，使原始地球不断增温。当地球内部温度达到足够高时，内部的一些物质开始不断熔解。内部的水分汽化与气体一起冲出来，飞升入空中。但是由于地心的引力，它们在地球周围形成了一个气水合一的圈层。

　　位于地表的一层地壳，在冷却凝结过程中，不断地受到地球内部剧烈运动的冲击和挤压，因而变得褶皱不平，有时还会被挤破，形成地震与火山爆发，并喷出岩浆与热气。最初，这种情况发生频繁，后来渐渐变少，慢慢稳定下来了。火山除了喷出岩浆外，还喷出大量的水蒸气和其他气体。

　　在当时，地球的大气层还没有形成，流星能不断地落到地面上成为陨石。陨石含有大量的水，这些水也变成了水蒸气。在很长的时期内，地球上的水蒸气越积越多，它们散发到空中遇冷就变成了厚厚的云层。

　　地面慢慢冷却后，云层里的小水滴变成雨落下来。就这样，火山不停地喷发，陨石不断地落下，雨水不停地降下，不知过了多久，云层也变得比较稀薄了，天空逐渐晴朗起来了。落到地面上的大量雨水，最后聚集在低洼的地方，形成了原始的海洋。

　　原始的海洋，海水不是咸的，而是略带酸性的，并且是缺氧的。随着水分不断地蒸发，反复地形成云团和雨水，就把陆地和海底岩石中的盐分溶解了，并不断地汇集于海水中。经过多少万年的积累融合，才变成了大致均匀的咸水。

　　大约在6亿年前的古生代，便有了海藻类，在阳光下进行光合

作用，产生氧气，逐渐形成臭氧层。此时，生物才开始登上陆地。

在地球上，随着水量和盐分的增加，以及地质的沧桑巨变，原始海洋就变成今天的浩浩海洋了！

延 伸 阅 读

地球是一个多水的行星，在它的表面几乎3/4被海洋覆盖。海草是生活在海洋中唯一开花的植物，海草为海龟、海鳗和其他海洋生物提供食物，也是其他海洋动物庇护繁衍生息的场所。

海水的来源

　　夏天，雨水多的时候小河会涨水，而遇上干旱，小河又会干涸。可是，海洋里的水却总是那么多，不管下多大的雨，海水不会泛滥；不管天有多旱，海水也不会干涸。这是怎么回事呢？

　　地球上的水分布在海洋、湖泊、沼泽、河流、冰川、雪山，以及大气、生物体、土壤和地层中。水的总量约为1.4×10^{13}立方米，其中96.5%在海洋中，而所有大江大湖里的水才占0.02%，这下，你该知道海洋里的水有多少了吧！不管多涝多旱，对海水来

说简直太微不足道了。

　　海洋里之所以有这么多水，与地面上的温度变换有很大关系。海洋的表面被太阳晒热后，一部分水就会被蒸发掉，据科学家统计，每年蒸发的水量约为45亿吨。这个数字多么惊人啊！海洋里的水会不会干涸呢？

　　事实上，海洋里的水是不会干涸的，海水总是在不断地循环。蒸发的水变成水蒸气升至空中，水汽在上升过程中，因周围气压逐渐降低，体积膨胀，温度降低而逐渐变为细小的水滴或冰晶飘浮在空中形成云。

　　当云滴增大至一定程度而不被蒸发掉时才能形成降水。水汽分子由于不断在云滴表面上凝聚，使得云滴不断凝结而增大。最后增大为雨滴，降落至海洋里。

　　落到地面上的雨水除了一部分蒸发变成水蒸气返回大气，一部分下渗到土壤成为地下水，其余的水沿着斜坡形成漫流，通过冲沟、溪涧注入河流，最后又回到海洋。

水蒸气遇冷凝结成雪时，或降落到地面，或降落到高山，或降落到海洋。当雪降落到海洋时，就会与海水融为一体；当雪降落到高山和地面上时，则能够在短时期内存留下来，但由于温度的升高，也开始慢慢融化，形成雪水流入江河，最后汇入茫茫大海。

海洋里的水量多少，与地面上的温度也有关系。气候的冷暖变化，也多次影响到海洋水量的增减。

气候变冷的时候，地球上的水大多凝结成冰，流回海洋中去的

水减少了，就引起海面降低，海水变少；在气候变暖的时候，大陆上的冰雪融化，大量的水流进海洋，海面上升，海水又会变多了。地球上的水就是这样不停循环的，所以海洋里的水才不会干。

延 伸 阅 读

　　1987年，南极地区一座底面积为1800多平方千米的冰川融化后冲入罗斯海，它马上改变了南极海岸线的边界，威尔士湾从此在地球上消失。

海水的温度

海水温度是海洋水温状况中最重要的因素之一，常作为研究水团性质，描述水团运动的基本指标。海水温度也是反映海水热状况的物理量。

世界海洋的水温变化，一般在-2℃~30℃，其中年平均水温超过20℃的区域，占整个海洋面积的一半以上。

海水温度有周期性变化和不规则变化，它主要取决于海洋温度的变化状况及时间变化。经观测表明：海水温度日变化很小，

变化水深范围为0米至30米，而年变化可达到水深350米。

　　海水温度在垂直方向上的变化随着深度的增加而降低。从海水的深度与温度的关系上可将海水分为三层结构：上层为混合层，此层中温度是均匀变化的；中间层为温跃层，此层温度急剧下降；最下一层位于温跃层下，海水的温度较平稳地下降。

　　由此可见，海水深度每下降1000米，海水温度就会下降1℃~2℃，在水深3000米至4000米处，海水温度也只有2℃至1℃。

　　那么，大洋的水温是不是也会出现较大的变化呢？

　　事实上，大洋表层的水温每天变化却很小。一般不会超过0.4℃。浅海的海水表层每天的温度变化较大，常常可以达到3℃至4℃。

南极地带的威德尔海是世界大洋中水温最低的地方。此处由于结冰，致使盐度不断增大，从而形成冷而且密度大的下沉海水，并沿着海底向北部分布开来，最终形成了南极的底层海流。

科学家认为，这是始新世末期海退的结果。海水退落导致浅海大陆架露出水面，这就增加了海水对阳光的反射率，使气候变冷；气候变冷又会导致海面进一步退落，使气候更加变冷。

不过有人提出：始新世末期海温的急剧变冷为什么会显得如此不同寻常呢？

美国学者肯尼特注意到，在5300万年前，南印度洋的寒冷表

层水，通过塔斯马尼亚海道后，注入南极罗斯海域，冷水取代来自东澳大利亚的暖流，从而触发南极地区的冰冻。

　　海冰形成，使得冰下剩余的海水盐度升高。盐度较高的冷水势必向下沉潜，形成寒冷的底层水，致使海水温度急剧降低。

延　伸　阅　读

　　在很久以前，海水温度也发生了巨大变化。科学家们通过对深海沉积物中孔虫壳的氧同位素分析，发现3800万年前的始新世末期时，海洋底层水温骤然下降了4℃至5℃，表层水温也大幅度下降。

海水的成分

海洋水是含有一定数量的无机质和有机质的溶液，主要溶解有氮、氧和二氧化碳等气体物质，以氯化物为主的各种盐类，以及其他多种化学元素。

在为数众多的溶解于海洋水的物质中，氯化物和硫酸盐含量约占盐类总含量的99％，其中氯化钠、氯化镁等氯化物则占60%以上。氯化钠味道发咸，氯化镁和硫酸镁味道发苦，所以海洋水不

仅有咸味，也有苦味。

大海的面积为陆地的2.4倍，据粗略计算，全部海水含盐竟达500兆吨。据说，盐分好像还在不断地增加。

我国海岸线很长，有不少盐田。沿海的盐场，每年都能生产很多盐。1000克海水中大约含有35克盐，这种盐叫作海盐。其中，调味用的食盐，只有27克。

海水中含有钙和硅。海洋里各种生物的骨骼都是由钙和硅组成的，因而这两种元素是海洋生物生存的所必需的物资。

海水中的氮和磷是非常重要的两种元素，它们是与海洋植物生长有关的要素。

这些要素在海水中的含量经常受到植物活动的影响，当这两种元素的含量很低时，就会限制植物的正常生长，所以这些要素对生物有重要意义。

微量元素在海水内的含量微乎其微，但由于海洋水总储量非常庞大，所以这些元素的总量也十分可观。例如，1000吨海洋水中含铀仅有3克，但整个海洋中铀的总储量高达40多亿吨，比陆地上已知铀的总储量大2000倍至3000倍，大约相当于燃烧8000万亿吨优质煤所释放的能量。

　　海水中还含有铜。据统计每千克海水含0.1毫克的铜。像龙虾这样的海洋生物身上也含有铜，平均每100克的龙虾就含5毫克铜。

　　20世纪80年代以来，又发现了海底热液矿藏，总体积约3932万立方米，是金、银等贵金属的又一来源。因而，它又被称为"海底金银库"。

　　在海洋里，金银的含量极少，平均每立方米海水只含金0.01

毫克至0.09毫克，但是以整个海洋里的水来计算的话，金银的含量就非常可观了。

　　海底还蕴藏着制造磷肥的磷钙石，储量可达3000多亿吨，如开发出来，可供全世界使用几百年。

延　伸　阅　读

　　乌尤尼盐湖是世界上最大的盐湖。它位于南美国家玻利维亚西南部的高原地区，东西长250千米，南北最宽处150千米，总面积12000平方千米。其盐层厚度很多地方都超过了10米，总储量约650亿吨，够全世界人吃几千年。

海水的味道

　　当人们在海里游泳的时候，一不小心喝了口海水，就会觉得它的味道又咸又苦。

　　海水和自来水、井水、河水的味道完全不同，海水的味道主要是咸。其原因是海水中含有各种盐分。根据实验，平均每千克的海水中约含盐35克，其中最主要是氯化钠，即食盐。一些观测结果表明，现在每年经江河带进海中的盐分有39亿吨。

　　海洋里有这么多的盐，我们不禁要问，这些盐是从哪儿里来的呢？

　　海洋刚形成时，海水和江河湖水一样是淡的。但是，自从地球上的第一场雨从天而降，开始冲刷年轻的陆地表面，海水的盐度就改变了。

　　雨水在数亿年的时间里不断地敲击着裸露的岩石，破坏岩石的结构，将矿物质溶解并带走。这些矿物质包括氯化钠、氯化镁、硫酸镁、硫酸钙、硫酸钾等，也就是化学家们所定义的盐。这些盐随着地面的水流向低处迁移，诸多的水流汇聚到浩浩荡荡的大江大河，并最终注入大海。从古至今，海洋中不断补充着来自陆地的盐。

　　然而，河流带来盐的同时，也将大量淡水带到海洋中，因此单凭河流注入这一个因素，并不能使海水变咸。海洋中盐的浓度的增加，还缘于太阳的热能将海水蒸发。太阳光的能量被海水吸收后，海水表面的温度升高，使水变成水蒸气的趋势增强了。

水在蒸发的过程中，由液态变成了气态，却将原来所含有的盐分留在海水中，并不带走。海面上的水蒸气却在风的作用下"背井离乡"，运动到陆地的上空。当它与一团冷空气遭遇时，水蒸气又变成了小水滴，在重力的作用下，水滴落向地面，形成了降雨。

　　降雨给盐分搬运工程又增加了一批生力军，一个新的循环过程开始了。正是在海洋与陆地之间水循环的过程中，海洋中盐的浓度越来越高。

　　海洋也有释放盐分，把盐分归还陆地的绝招。

　　当海洋中的可溶性物质浓度达到一定程度时，可溶性物质会互相结合成不溶性化合物，沉入海洋底部。海洋中的生物体内吸收了一定的盐类物质，当海洋生物死去后，它的尸体沉到海底。

　　台风暴发时，狂风掀起巨浪，海水被卷到陆地上，海水中的盐类物质也会被带到陆地上。

　　此外，从漫长的陆地变迁历史看，有些海洋的海湾地带，由于地壳的升高而与海洋隔断。这些地带就像与大海母

亲失散的"游子",而在太阳光的不断照射下,变成陆地,留下大量盐分。

　　由此可见,海洋也在不断向陆地提供大量的盐。如果,我们能够合理利用这些资源,将获得多么巨大的财富啊!

延 伸 阅 读

　　在地球上,海洋中蕴含了大量的盐类物质。有人估计,如果把海水中所有的盐分都提取出来,铺在陆地上,可得到厚153米的盐层;如果铺在我国的国土上,可使我国平均高出海面2400米左右。

海洋中的淡水井

　　小朋友都知道海水是咸的。可你知道海洋中也有淡水吗？答案是肯定的。

　　在我国闽南的漳浦县古雷半岛东面，有一个盛产紫菜的小岛叫菜屿，距该岛约500米处的海面上有一处奇异的淡水区，叫作"玉带泉"，这一带渔民和来往船只在此补充淡水。

　　在美国佛罗里达半岛以东，距海岸不远的海面上，有一块直径约30米的奇特水域。它的颜色与周围海水是不一样，看上去仿

佛在深蓝色布上，染了一块圆圆的绿色。掬起一汪尝尝，嗬，真清凉，还一点儿也不咸。这可就怪了，在这汪洋大海之中，怎么会出现这样一口界限截然分明的淡水井呢？

这一奇特现象，科学家过了好长时间才弄明白。原来，这是陆地赠给海洋的礼物。科学研究发现，这块奇特水域的海底是锅底似的小盆地。盆地正中深约40米，周围深度在15米至20米。盆地中央有个水势极旺的淡水泉，不断地向上喷涌着清如甘露的泉水。

就像我国山东省济南市的趵突泉一样，昼夜不停，永不枯竭。而且，这个淡水泉中涌出的水量为每秒40立方米，比陆地上最大的泉还要大得多。这股泉水就这样在海中日喷夜涌，出咸水而不染。在风力流的影响下，从泉眼斜着上升到海面，形成海中"淡水井"。

淡水只有陆地上才有，那么，海中怎么出了淡水井呢？

经专家考察发现，它们的出现是因为在该地区的海底都有一口水下喷泉，从中源源不断喷出强大的淡水流，当喷出的淡水冲开海水，并形成一定规模时，就会在海水中间出现一片淡水区。

海底的淡水喷泉出现，是因为海洋某些地区在几十万年前可能是一片陆地，陆地上的河流和湖泊为形成地下含水层创造了有利条件。后来经历多次海陆变迁，陆地变成海洋，但是含水层保留了下来，从而形成喷泉从海底喷出。

每当海底喷泉活动增强，喷出的物质就会与海水中的硫酸氢钙发生反应析出二氧化碳。所以，海底喷泉活动与地球气候的变化还有着密切的关系。

在流入海洋的大江大河河口处，由于水量过大，往往也会形

成一片淡水区。如在非洲西海岸刚果河河口附近航行的船舶，虽然远离大陆近百千米，却能在大西洋中取到淡水。

原来是因为在海水下面有一条宽阔的海底河谷。刚果河大量的淡水不断沿着河谷从大陆涌来，在洋面上形成了一片淡水区。过往船只在刚果河口外取到的水，不是海水，而是刚果河的河水。

延 伸 阅 读

在里海西北部兹麦依内岛南侧，也有一处淡水区。这个淡水区的面积约为1000平方米。它位于多瑙河口，有人认为是多瑙河的河水顺着沙土层流入里海，被风和强大的海流拦腰截断后，形成了孤立的淡水区。

海水呈蓝色的原因

  我们站在轮船上看大海，海水总是蓝蓝的。但是，如果舀一勺海水看看，你就会发现海水并不是蓝色的，而像我们喝的自来水一样，是无色透明的。这是怎么回事呢？

  其实这是太阳光所变的戏法，使我们的眼睛受到蒙蔽。我们都知道太阳光是由红、橙、黄、绿、青、蓝、紫色光组成的。它

们的波长各不相同，从红光至紫光，波长逐渐变短，长波的穿透能力强，容易被水分子吸收，短波的穿透能力弱，容易发生反射和散射。

海水对不同波长的光的吸收、反射和散射的程度也不同。当太阳光照射到大海上时，波长较长的红光、橙光和黄光由于透射力最大，能克服阻碍，勇往直前，随海洋深度的增加逐渐被吸收了。

一般来说，在水深超过100米的海洋里，这三种波长的光大部分能被海水吸收，并且还能提高海水的温度。

蓝光、紫光由于波长较短，一旦遇到海水的阻碍就会散射开来，甚至被反射回去，只有一部分被海水和海洋表面生物吸收，我们看到的就是被散射或反射出来的光。海水越深，被散射和被反射的蓝光越多，所以我们看到的海水就成蓝色的了。

此外，海洋水中悬浮物的性质和状况，对海水的透明度和水色也有很大的影响。

大洋部分水域辽阔，悬浮物较少，而且颗粒比较细小，透明度较大，水色也多呈蓝色。

同一海域的海水随天气变化而出现不同的颜色，当天气晴朗的时候，太阳光受大气削弱很小，几乎可以直接射到海洋表面，海洋会显现正常的颜色。

但是，当天气阴沉的时候，太阳光被大气大量反射，到达地面的光很少，而且单色光构成比例会出现变化，那么海水的颜色就会变得很深。当然，海水的颜色并非只有一种，还因海水透明度或深浅不同而有不同的颜色：如浅蓝、深蓝等，我国的黄海受黄河水的影响而呈现黄色。在欧洲东南部和小亚细亚之间，有一个世界上最大的内海，它就是黑海，其海水的颜色是黑色的。

原来，黑海的上层

水温较高，堆积着大量淡水。而200米以下的海水温度较低，盐度大，上下层海水不能交换，下层海水缺氧，加上硫细菌的作用，高浓度的硫化氢气体把海底淤泥染成黑色。所以，在海边或海上看黑海是黑色的。

延 伸 阅 读

　　从地理分布上看，大洋中的水色和透明度随纬度的不同也有所不同。热带、亚热带海区，水层稳定，水色较深，多为蓝色；温带和寒带海区，水色较浅，海水并不显得那样蓝。

浪花呈白色的原因

　　坐在海边，看着蓝色的海水，卷起千层浪花，是件多么令人开心的事。可是看着看着，我们不免奇怪起来，水是无色的，为什么碧蓝的海水卷起的浪花，却是如此的洁白？

　　碎玻璃也许能够回答我们前面提出来的问题。一般的玻璃杯都是无色透明的，打碎以后的一片片，单独看也是透明的，但是当我们把它扫在一起的时候，却变成白晶晶的一堆了。而且玻璃

打得越碎，堆起来颜色越白，如果碎成了玻璃末，那简直就像一堆雪花。这是什么缘故呢？

原来玻璃能够透过光线，也能反射光线，碎裂以后，因为形成了许多不规则的角度，加上层层堆叠，一遇光线，又发生了多次折射，而光线经过了许许多多的曲折以后，从各个不同的方向，反射出来，我们的眼睛碰到了这种光线，就觉得是一片白色。

浪花，正像打碎了的玻璃末，它也把光线做了这样的变幻。

浪花之所以是白色的，还有一个原因是光的漫反射。浪花里有无数小气泡，小气泡的界面是向着各个方向的，从而把阳光向各个方向反射，以此而形成漫反射后，看起来就是白色的了。

我们知道蛋清是无色透明的，但是搅拌成泡沫后就是白色的，再例如很多花瓣是白色的，其实其中完全没有色素，只是分布着大量的小气泡而已。这都是大量微小气泡形成漫反射显示出白色的道理。

类似的物理现象还有，冰糖是透明的，磨成糖粉就是白色的。

因为细小的糖粉每一个颗粒都把光向不同的方向反射，从而形成漫反射。

基本上，所有透明的液体，只要其中布满微小气泡，就会是白色的，所有透明物体磨成粉末，也必然是白色的。

可是雪花的白色，又是怎么来的呢？

先来看看雪花的形成过程。

空气非常寒冷时，云雾中的水分就会凝结到悬浮颗粒身边。不过，这种凝结过程缓慢，水分子便形成一些表面异常平滑的晶体。随后，在风的作用之

下，这些晶体在空中互相碰撞，并最终形成了絮状的雪花。

由于构成雪花的是冰晶，冰晶有着复杂的结构。冰晶分子间的角度有点像金刚钻，它把光线做了更充分的反射、全反射和折射，结果就形成了一片纯白。

延 伸 阅 读

海洋是十分富饶的宝库。海底的地质结构中蕴藏着丰富的石油和天然气，有些浅海海底有大量的砂矿，深海大洋盆底上有锰结核和其他深海金属矿，这些矿里含有锰、铁、铜、镍、钴等金属。

沙滩比海水热的原因

当你走到软软的沙滩上，会感觉沙滩特别热，有时还不得不穿上鞋子；而当你跳入海里时，海水又会给你一种冰冰的感觉。这是什么原因造成的呢？

人们研究过太阳辐射的情况，他们发现，到达地球表面的太阳辐射能大部分都被地球吸收了，只有一小部分反射回到空中。

说来也很有趣，原来海面和陆地比较起来，海面就像饿极了

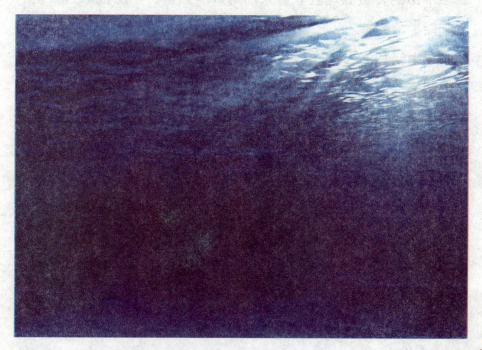

的孩子似的，贪婪地吸收着太阳送来的热量，不愿把来之不易的太阳能量放弃掉。

陆地就和海面不一样。它的胃口小，不能一下子吸收很多太阳辐射来的能量，剩下的就反射回空中去了。

陆地的反射率要比海面的大一倍，可见陆地的吸热能力要比海洋差些。而且，陆地存不住热量，那晒得烫烫的沙滩就是一个例子。

科学家经过研究，发现陆地是一种不能很好传热的固体，既不透明又不流动。太阳即使再厉害些，也晒不透它。因为不能很好地传热，晒了一整天，陆地所吸收的热量还只是集中在不到0.001米厚的表层内。

海水是半透明的，太阳光可以透射到水下一定的深度，也就是说，太阳的辐射能可以达到海水的一定深度之内。

经过长期的观测计算，人们发现到达水面的太阳辐射能，大约有60％可以透射到1米的深度，有18％可以达到海面以下10米的深度，甚至在海面100米深度的地方，仍然有少量的太阳辐射能量。而这在陆地上是不可能发生的。

海洋依靠海水的流动来输送热量。比如说，海流就可以把赤道附近的热海水送到两极方向去，而两极方向的冷海水也通过海流向温暖的地方流动；风浪则可以促进海水温度的上下交换。

你可不要小看风浪的作用。在夏季和白天，海面上接受的热

量较多，它就可以把热量送到深层贮存起来；而在冬季和夜晚，海洋表面接受的热量少，它又会把贮存在深层的热量输送到表层。

同在一个太阳下，陆地与海洋的物质构成不同，温度变化也不同。陆地是地表烫，海洋则是整体较为温暖，海洋把热情大方的太阳送来的热量都贮存下来了，只是体积太大，温度不可能升得太高。所以，海水就没有沙滩热了。

延 伸 阅 读

　　海水温度是反映海水热状况的一个物理量。世界海洋平均温度约为3.5℃。而三大洋表面年平均水温则为17.1℃，其中以太平洋最高，达19.1℃，印度洋次之，达17.0℃，大西洋最低，为16.9℃。

海水的淡化处理

海水淡化也就是利用海水脱盐生产出淡水，是实现水资源利用的开源增量技术，可以增加淡水总量，而且不受时空和气候影响，水质好、成本较少，可以保障沿海居民饮用水和工业锅炉补水等稳定供水。

如果用海水灌溉农作物，会使农作物迅速死亡；如果用海水烧锅炉，会使锅炉壁结成锅垢而影响传热，甚至引起爆炸……因此，若想利用海水，就必须将海水进行淡化处理。

　　世界上淡水资源不足，已成为人们日益关切的问题。淡水在地球上本来就十分有限，它只占地球总水量的不到3％，而且，其中约2／3囤积在高山和极地的厚厚冰雪中，近1/3深埋在地层里，而真正能被我们利用的淡水只占地球总水量的0.02％左右。就是这占有极小份额的淡水资源，今天还正面临着来自人类的严重污染。

　　除了节约和保护现有的淡水资源以外，人们不禁思考怎样开辟新的更充足的水源，而占地球总水量达97％的海水自然成为首选的目标。海水又咸又苦，既不能喝，也不能用。

　　当前人们已掌握了几种海水淡化方法。

　　第一种是电渗析法。它依靠两种薄膜，即阳离子膜和阴离子膜，经过通电把海水里的盐类分解成为阳离子和阴离子，并且分别通过薄膜迁移到另一边，剩下的便是不含盐的淡水。虽然电渗析法耗能相对较少，但是不能除去海水中不带电荷的杂质。

第二种是反渗透法。利用一种薄薄的具有多孔结构的"反渗透膜"作为核心部件，在加压条件下，薄膜只让水通过，而把盐类物质拒绝于薄膜外，这样淡水和盐类就分开了。

反渗透法不仅分离效率高，能量消耗少，而且设备简单，所以备受人们的欢迎，已成为当今世界各国最广泛使用的海水淡化技术。

现在世界上有十多个国家的一百多个科研机构在进行着海水淡化的研究，有数百种不同结构和不同容量的海水淡化设施在工作。一座现代化的大型海水淡化厂，每天可以生产几千、几万甚至近百万吨淡水。

淡化水的成本在不断地降低，有些国家已经降低到和自来水的价格差不多。

某些地区的淡化水量达到了国家和城市的供水规模。据统计，1994年，世界上用此法日产淡水120万吨，解决了一亿多人的供水问题，即世界上1/50的人口靠海水淡化提供饮用水。我国

也在舟山地区建造了用此法日产500吨淡水的示范工程。

除了以上海水淡化的方法外，人们还在探索其他效率更高、成本更低的海水淡化技术。

延 伸 阅 读

世界上第一个海水淡化工厂于1954年建于美国，现在仍在得克萨斯的弗里波特运转着。它不仅提供了饮用水和农业用水，而且还生产出了食用盐。海水淡化在欧洲非常流行，在某些岛屿和船只上也被使用。

海水密度跃层

　　密度跃层是海水的温度或盐度，由很小至很大变化的过渡水层。由于在开阔海域，盐度几乎是稳定的，而压力对密度只有很轻微的影响，因此温度就成为影响海水密度的一个最重要的因素。

　　大洋表面的海水温度较高，因此它的密度就比深处的冷水要小。温度和密度在跃层发生迅速变化，使得跃层成为生物以及海水环流的一个重要分界面。

　　如果一个海域有两种密度的海水同时存在，那么，密度小的

海水就会集聚在密度大的海水上面，使海水呈层分布。这上下层之间形成的屏障，就叫"密度跃层"。

海水密度跃层是怎样产生的呢？这主要取决于海水的温度和盐度。通常，风平浪静时，水温随着深度的增加而逐渐降低。当海上出现大风浪时，海水上下混合，上层水温逐渐均匀，而风浪影响不到下面水层，下层水温度依然在降低。这样，上下水层之间的海水温度呈现剧烈变化，从而形成密度跃层。

接近大陆的边缘海域，大量江河淡水流入海中，使海水被冲淡，盐度发生变化，也会产生密度跃层。

还有些跃层会出现在两个不同性质的水团接触面上。如土耳其的伊斯坦布尔海峡中就有这种密度跃层。

一旦上层水的厚度等于船只的吃水深度时，船的航速又比较低，船的螺旋桨的搅动就会在密度跃层上产生内波，其运动方向同船航行方向相反，阻力就会增加，船速就会降低下来，船就像被海水粘住似的寸步难行。

海水密度跃层不仅对水面船只和潜艇安全航行有影响，而且对海洋生物的影响也非常大。因为密度跃层犹如海水中隔了一层屏障，使上、下层海水之间的循环、对流受阻。

这样，下层海水的鱼类所必需的溶解气体得不到补充时，就会致使鱼类和其他生物窒息而死。同样，上层水中海洋生物所需要的营养盐也得不到下层水的供应，致使它们不易生长和繁殖。

因而渔民都会远离密度跃层的海域，因为这些海域是无法捕到鱼的。

　　不过，密度跃层也有可利用的一面。潜艇隐蔽在跃层之下就不易被敌舰的定位设备声呐发现，也可以停泊在跃层上面，伺机向敌舰发起进攻。所以，人们又把密度跃层称为"柔软的液体海底"。

延 伸 阅 读

　　在密度跃层中，跃层的上下界面使声波产生折射，造成声波只能在"密度跃层"中向前传播，于是形成了一条水下声道。利用密度跃层中的声道，可以进行远距离水下通讯。

海冰味淡的原因

我们知道，海水又咸又涩，其原因在于海水中含有大量的盐类，如钠盐、钾盐、镁盐等。

然而，海冰所含的盐度比海水要低得多，海冰年代越老，冰中的盐分就越少。

年代久远的海冰顶部几乎是淡水冰，能够融化饮用，航海者都会以海冰来解渴的。生活在北极的爱斯基摩人也是以海冰融化

产生的淡水作为饮用水的。

这又是什么道理呢？

原来，冰是单矿岩，不能和其他物质共处。海水冻结成冰晶时，会将所含的盐类排除在外，以保持自身的纯净。因此，海水冻结时产生的冰晶是淡水冰。

但是，海水结冰过程往往较快，这会使一些盐分以"盐泡"的方式保存在冰晶之间，冰晶外壁也会黏附上一些盐分，所以海冰实际上不是淡水冰，还是有咸味的。

当然，海冰比海水的盐度要小得多。

存在于海冰冰晶间的"盐泡"不是静止不动的，它浓度高、比重大，会在重力作用下沿冰晶的缝隙向下移动，因此海冰的顶部要比底部淡。

留在冰块里的盐泡，在气温升高到熔点时，往往互相沟通，使盐汁慢慢渗出于冰块之外，这使海冰表面百孔千疮。隔年海冰在夏天就因这个缘故排出盐水，经过若干年后，海冰自然就会变成了淡水。

海水结冰能排除其他成分的现象启示人们：可以用冷凝法进行海水淡化。冷凝法也就是蒸馏法：把海水烧开，水化成蒸汽，盐不会跟着蒸汽一起走，蒸汽遇冷又凝结成水，得到的蒸馏水是纯净的，既没有盐，也没有细菌和其他杂质。

目前，一些沙漠地区的富裕国家，正计划将南极的冰山运回去做饮用水呢！

我国西北地区，有一些地方干旱并且水质苦咸，如甘肃省会宁县的苦水区。在这里人们用土办法找到了一条苦水淡化方法，人们不是喝天然的水，而是在冬天将冰放在水窖里，春暖花开

后，冰就会化成淡水，经这种方法淡化的水，盐度比平常的水低了60%至80%。

有些国家已经把海水直接用于灌溉。某些作物喜欢盐，用海水浇灌没有问题，可以推广种植。沙特阿拉伯一些国家还试验用海水灌溉牧草、蔬菜，收成并没有减少。

延 伸 阅 读

海冰在冻结和融化过程中，会引起海况的变化；流冰会影响船舰航行和危害海上建筑物。海冰对潮汐、潮流的影响极大，能够阻止潮位的降落和潮流的运动，减小潮差和流速；同样，也能够使波高减小，阻碍海浪的传播。

海水不结冰的原由

海水结冰和淡水结冰的条件不一样。住在海边的人都有这样的体会，每年初冬，陆地浅水池塘很快冻结成一层薄冰；深冬时节，江河封冻，而海面却照样波涛汹涌，海浪起伏。

只有在寒潮频频爆发，空气较长时间处于低温的情况下，海水才会出现结冰现象。

我们先来做个小实验：在严冬，把一碗清水和一碗浓盐水同时放在院子里。过一段时间，清水冻成了冰块，浓盐水却没有结

冰。原来，盐水的结冰点低，在零度的时候不会结冰，越浓的盐水冰点越低，有的海水在-20℃还不会结冰呢！

你也许会说，南极附近的海面上有冰山，北冰洋和北极更是冰天雪地，一定是因为那里特别冷，海水才结冰了。

其实，在地球两极地区及附近海上漂浮的冰山，并不是海水冻成的。在格陵兰和南极洲上有大片的冰原，大块的冰断裂后漂移到海洋里成了冰山。

海水结冰需要三个条件：一是气温比水温低，水中的热量大量散失；二是相对于水开始结冰时的温度，已有少量的过冷却现象；三是水中有悬浮微粒、雪花等杂质凝结核。

淡水在4℃左右密度最大，水温降至0℃以下就会结冰。海水中由于盐度较高，结冰时所需的温度比淡水低，密度最大时的水温也低于4℃。

随着盐度的增加，海水的冰点和密度最大时的温度也逐渐降低。

海冰初生时，呈针状或薄片状冰晶；继而形成糊状或海绵状；进一步冻结后，成为漂浮于海面的冰皮或冰饼，也叫莲叶冰；海面布满这种冰后，便向厚度方向延伸，形成覆盖海面的灰冰和白冰。

海水含盐度很高，大约在34.5‰，这种盐度下的海水的冰点大约在-2℃。

即使达到-2℃，由于表面海水的密度和下层海水的密度不一，造成海水对流强烈，也大大妨碍了海冰的形成。

　　此外，海洋受洋流、波浪、风暴和潮汐的影响很大，在温度不太低的情况下，冰晶很难形成。

　　海洋难以封冻对我们人类很有好处，海洋冬天不结冰，使世界的气候比较湿润，易于生物的发展。再者海洋不结冰可以使我们的船只在冬天继续航行。

延　伸　阅　读

　　1956年11月12日，美国的破冰船"冰川号"在南太平洋斯科特岛附近发现一座世界最大的冰山。它的长度为333千米，一列火车从这头开到那头，需要行驶5个多小时。总面积3100多平方千米，相当于5个上海市的面积。

海平面上升的原因

海平面上升是由全球气候变暖、极地冰川融化、上层海水变热膨胀等原因引起的全球性海平面上升现象。

研究表明，近百年来全球海平面已上升了0.1米至0.2米，并且未来还要加速上升。

1993年到2003年间，科学家们利用法美联合研制的海洋地形实验卫星以及海洋地球卫星，对海平面变化进行了精确测量。

结果发现，海平面每年上升的高度在3毫米左右。对此，联合国政府间气候变化专门委员会在2007年发布的一份报告中指出，这其中有超过一半的增长是海洋变暖造成的，另外1.2毫米的增长则是因为冰山和两极冰帽的融化。

根据记载，在距今5000年的绳文时代，只因年平均气温上升2℃，海水就进到了日本关东地区的中心地带，现在当地还有残留的贝冢。大概那时有的地方海平面就上升了近5米。

我们通过过去地质时代的调查情况来看，从2亿年前的中生代至6000万年前的新生代初，极地似乎没有冰。据说如果南极的平均气温上升10℃左右，就会变成类似那个时代的湿暖气候。

青藏高原尽管在冰川时期不一定像今天的南极大陆一样也有过统一的漫无边际的大冰盖，但有一点是肯定无疑的，那就是这里曾经大量存在的山地冰川在漫长的岁月里逐渐消融、消失。

全球变暖是导致冰川融化为海平面上升的主要原因，但是据有关资料显示，假设全球温室气体排放稳定，全球气温不再增长，海平面依旧会上升。

研究者认为，主要原因是海水的热膨胀。即使全球气温稳定了，海水表面气温和深海气温依旧有差异，深海的气温会慢慢升高，这会导致更多的海水发生热膨胀反应，继而海水整体体积扩大，海平面上升。

这种反应要持续相当长一段时间，只有海水完全与大气温度达到一定平衡状态才会停止。

地球上的冰有88％以大陆冰河的形式被固定在南极大陆，10％被固定在格陵兰，其余的在北极海的岛屿及其周围和被称为世界屋脊的阿尔卑斯山、喜马拉雅山山脉。

格陵兰岛上冰雪的总量约为300万立方千米，约占全球总冰量的10％，冻结的水量约等于世界冰盖冻结总水量的10％。如果这

些冰全部融化，全球海平面将上升7.5米。

其实，这还不算厉害的。如果全球变暖导致南极冰盖全部融化的话，海洋的海平面将会上升超过60米。

因为南极洲接近99%的大陆面积都被冰原所覆盖，冰原的平均深度大约有2000米，已被测量的最深深度约4700米。南极洲拥有全世界88%的总冰量。

延伸阅读

海平面上涨，使世界上的43个小岛国家面临危险，并且会导致这些国家从地图上消失。第一个遭受此难的便是马尔代夫，因为该国最高的两座岛屿距离海平面也只有2.4米，海面上升就会使整个国家浸泡于海水中。

海洋冰山的来历

冰山是一块大若山川的冰，脱离了冰川或冰架，在海洋里自由漂流。

依照阿基米德定律我们可以知道，自由漂浮的冰山约有90%体积沉在海水表面下。因此看着浮在水面上的形状，根本猜不出水下的形状。这也是为何有"冰山一角"之说。

其实冰山并不是真正的山，而是漂浮在海洋中的巨大冰块。在两极地区，海洋中的波浪或潮汐，猛烈地冲击着附近海洋的大

陆冰，天长日久，它的前缘便慢慢地断裂下来，滑到海洋中，漂浮在水面上，形成所谓的冰山。

格陵兰、阿拉斯加等地都是北极地带冰山的老家，每年大约有16000座冰山离家漂行。

南极海域是世界上冰山最多的地方，每年大约有20万座冰山在海洋里漂游。

北极的冰山一般体积较小，多呈金字塔形；南极的冰山体大身高，四壁峻峭陡直。

1965年有一支美国考察队到南极考察，竟发现有一座长333千米，宽96千米的特大冰山，峭壁高出海面几十米。

冰山体积的9/10都沉浸在海水下，我们在海面上所看到的仅仅是它的头顶部分。

冰山在水底部分的吃水深度一般都超过200米，深的可达500多米。

这一座座巨大的冰山，随着海流的方向能漂流到很远的地方。在正常情况下，它们每天大约能漂流6000米。

许多大冰山在海上可以漂流10多年，最后由于风吹日晒、海浪冲击，渐渐消失在温暖海域的海水中。

由于北冰洋和南极海洋的地理位置、海陆分布情况不同，冰山漂流的情况也不同。

北大西洋中的冰山主要来自格陵兰，由拉布拉多洋流携带着向南漂移。

在北太平洋因有白

令海峡这个关口，巨大的冰山很难通过，因此在北太平洋洋面上很少见到冰山。

南极洋面辽阔，四周无陆地阻挡，大冰山可以长驱直入，浩浩荡荡地向四面八方漂移。

冰山漂浮在海洋中，给航海和石油勘探带来很大威胁。

延 伸 阅 读

1912年4月10日，"泰坦尼克号"在距离纽芬兰150千米处与冰山相撞，右舱至船身中央被撕开一道90米的裂缝，海水大量涌入船内。装载着许多富人和名人的"泰坦尼克号"，终于在4月15日凌晨沉没。

海光的形成

在海上航行，人们会遇到一种奇异的自然景象，那就是海光。

当夜幕笼罩海洋的时候，有些海面上会出现大面积的海光。海光有时闪闪烁烁，像流星一样，有时像探照灯射出的光芒，有时像旋转着的光轮。当轮船前进时，周围就像激起无数的"火花"，船尾拖着一条长长的"火龙"。

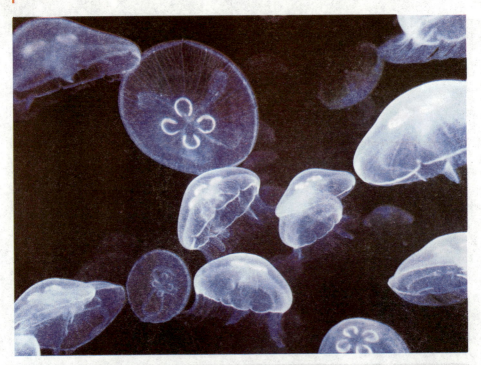

1896年6月15日，日本三陆遭到25米高的海啸巨浪袭击。当海水退出5000米时，人们看到水底发出一种淡青色的光。后来，浪涛再度袭来，天空映现出粉红色，有个渔民在巨浪中驶行，看到波峰上的闪光，像电灯光那样明亮。

1975年9月2日傍晚，在江苏省朗家沙一带，海面上发出微微的光亮，波浪起伏着，像燃烧的火焰那样翻腾不停，一直到天亮时才慢慢消失。第二天晚上，亮光重又出现，更加强烈。

这究竟是为什么呢？原来，这光主要是海洋发光细菌引起的。

海洋发光细菌是一种海洋生物。在这种生物体内，由于荧光素和氧结合，生成一种氧化荧光素。这一化学反应产生的能量一旦释放出来就会形成光。

这种发光细菌一般都生活在热带和温带海洋中，并且寄生在鱼、虾和贝类身上。被寄生者常常借助这种光去寻找食物或驱赶来犯。

更神奇的是一个水母发出的光，可以让人在黑暗中看清另一个人的面孔；而长腹镖水蚤发出的光，亮度足够让人在夜间读书看报呢！

长期以来，人们只知道海光是海水中微生物发出的荧光。可是，为什么只在局部的地方出现这些发光现象呢？而且这种光为什么又具有多变而奇异的形状呢？

德国科学家库尔特·卡尔对此作了解答。他说，海光和多变形状的形成，同海底火山爆发引起的地震波有关。

地震爆发的时候，海水内部的压力会突然发生变化，引起某些海洋生物的反应，由此而发光，地震波是促使海水压力变化的

一个重要原因。

　　观察表明，在海水振荡最厉害的地方，海光特别明亮；反之，海光则较弱，甚至消失不见。在有各种不同振荡强度的水域里，海光最奇异美妙。

延 伸 阅 读

　　古巴岛附近有个"夜明海"。入夜以后，海水自放光明。轮船驶过，在船舷甲板上不点灯，也能够看书读报。夜明海之所以发光，是因为这里生长着各种海生动植物，它们死后变为磷质，积聚一起，从而发出强烈光芒。

海和洋的区别

　　广阔的海洋，从蔚蓝到碧绿，美丽而又壮观。海洋，海洋……人们总是这样说，但好多人却不知道，海和洋不完全是一回事，它们彼此之间是不相同的。

　　那么，它们有什么关系呢？

　　洋是指海洋的中心部分，它是海洋的主体，面积广大，约占海洋总面积的89％。

　　大洋的水深，一般在3000米以上，最深处可达10000多米。其

中4000米至6000米之间的大洋面积，约占全部大洋面积的近3/5。

大洋离陆地遥远，不受陆地的影响。水温和盐度比较稳定，又有独立的潮汐系统和完整的洋流系统，海水多呈蓝色，透明度较大，而且水中的杂质较少。

世界的大洋是广阔连续的水域，通常分为太平洋、大西洋、印度洋和北冰洋。

有的海洋学者还把太平洋、大西洋和印度洋最南部的连通的水体单独划分出来，称为南大洋。

海是大洋的边缘部分，约占海洋总面积的11％。它的面积小，深度浅，水色低，透明度小，受大陆的影响较大，水文要素的季度变化比较明显，没有独立的海洋系统，潮汐受大陆支配，但潮差一般比大洋显著。

海可以分为边缘海、内陆海和地中海。

边缘海既是海洋的边缘，又临近大陆前沿，也称"陆缘海"。

位于大陆和大洋的边缘，其一侧以大陆为界，另一侧以半岛、岛屿或岛弧与大洋分隔，水流交换通畅的海称为"边缘海"。

这类海与大洋联系广泛，一般由一群海岛把它与大洋分开。我国的东海、南海就是太平洋的边缘海。

内陆海，深入大陆内部，被大陆或岛屿、群岛所包围，仅通过狭窄的海峡与大洋或其他海相沟通的水域。其海洋水文特征受大陆影响显著，个性较强。而且在不同环境条件下，其个性特征有明显差异，如欧洲的波罗的海等。

地中海是几个大陆之间的海，水深一般比内陆海深些。介于两个或三个大陆之间，深度较大，有海峡与邻近海区或大洋相通的海，称为陆间海，或叫地中海。如地中海、加勒比海等。

四大洋的附属海很多，据统计共有54个海。太平洋西南部的珊瑚海，面积广达479万平方千米，是世界上最大的海。介于地中

海和黑海之间的马尔马拉海，面积仅11000平方千米，是世界上最小的海。

海湾，是海或洋伸入陆地的一部分，通常三面被陆地包围。例如，闻名世界的"石油宝库"波斯湾。

延 伸 阅 读

海洋是地球表面除陆地水以外的水体的总称，人们习惯上称它为海洋。其实，海和洋就地理位置和自然条件来说，都是海洋大家庭中的不同成员。可以这么说，洋犹如地球水域的躯干，而海则是它的肢体。

海洋中的海流

在陆地上有河流存在，同样，在海洋中也有河流存在。由于海洋中的海水能够按一定方向有规律地从一个海区向另一个海区流动，因而人们把海水的这种运动称为洋流，也叫作海流。

海流与河流是不一样的。海流比陆地上的河流规模大，一般长达数千米，比长江、黄河还要长，宽度则相当于长江最宽处的几十倍甚至几百倍。

河流的两岸是陆地，河水与河岸界限分明，一目了然；而海

流在茫茫大海中，海流的"两岸"依然是滔滔的海水，界限不清，难以辨认，所以又被称为"看不见的河流"。

海洋中的这种河流，曾经协助过许多航海者。哥伦布的船队，就是随着大西洋的北赤道暖流西行，发现了新大陆；麦哲伦环球航行时，穿过麦哲伦海峡后，也是沿着秘鲁寒流北上，再随着太平洋的南赤道暖流西行，横渡了辽阔的太平洋。

1856年，一名水手在海滩的沙层中，发现了一颗黑色的涂满了沥青的椰子球，劈开后里面是一封羊皮纸信，是1498年意大利航海家哥伦布在第二次西航途中给西班牙国王和王后的一封信。

那么，它是如何漂到这里来的呢？其实，它是海洋中的"河流"，也就是海流带来的。

长期与海洋打交道的海员和渔民，都知道海洋中有海流存在。它们像陆地上的河流，日复一日沿着比较固定的路线流动着。只是河流两岸是陆地，河岸就像是固定的目标可作比照，一望就知道河流是在流动着。海流两边仍然是海水，肉眼很难把它分辨出来，因而在很长一段时间里，海流没有被人们发现。

人们为了认识海流，从18世纪末期起，便开始利用一种叫漂流瓶的东西进行对海流的观测。

人们在这种漂流瓶里装有一封信，信上写了该瓶的投放者、投放的时间和地点等，并要求拾到者向投放者报告拾到的时间和地点。

100多年来，人们总共投放了约15万个漂流瓶，进行着海流的观测研究，从而知道了整个海洋中约有32条海流，其中最大的海流，宽数百千米，长上万千米，规模非常巨大。

它们把热带高温的海水带

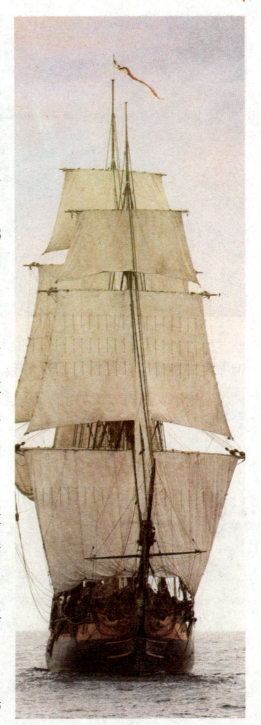

向寒带水域，又把寒带海域的冷水带向热带。海流在运动中不断影响着沿途的气候。船员们也就利用这种海流流动的特性进行送信件、递情报，渔民们还利用它测报鱼群的动向，配合渔船捕鱼。

延 伸 阅 读

美国设计的一种驳船式海流发电站，它的发电能力约为五万千瓦。这种发电站在船舷两侧装着巨大的水轮，它们在海流推动下不断地转动，带动发电机发电，并通过海底电缆把电送到岸上。

海流形成的原因

　　海洋里有着许多海流,每条海流终年沿着比较固定的路线流动。它像人体的血液循环一样,把整个世界大洋联系在一起,使整个世界大洋得以保持其各种水文、化学要素的长期相对稳定。

　　海洋中除了由引潮力引起的潮汐运动外,海水沿一定途径的大规模流动的因素可以是风,也可以是非常热的盐造成的海水密

度分布的不均匀性。

　　海洋里那些比较大的海流，多是由强劲而稳定的风吹刮起来的。如果风总是朝着一个方向吹，那么会怎样呢？

　　盛行风在海洋表面吹过时，风对海面的摩擦力，以及风对波浪迎风面施加的风压，迫使海水顺着风的方向，在浩瀚的海洋里做长距离的远征，这样形成的洋流称为"风海流"。

　　由于海水在不断运动中，其能量也在慢慢地消耗，况且这种流动随深度的增大而减弱，直至小到可以忽略，其所涉及的深度通常只为几百米，相对于几千米深的大洋而言只是一薄层。

　　而位于低纬度和中纬度处的北赤道流和南赤道流，在大洋的西边界处受海岸的阻挡，其主流便分别转而向北和向南流动，由于受到纬度的变化和水流摩擦力等的影响，便形成了流幅变窄、流速加大的大洋西向强化流。

海流形成之后，由于海水的连续性，在海水产生辐散或辐聚的地方，将导致升、降流的形成。

在大洋的东部和近岸海域，当风力长期地、几乎沿海岸平行地均匀吹刮时，一方面生成风漂流，发生海水的水平辐合和辐散，从而出现上升流和下降流；另一方面因海水在近岸处积聚和流失而造成海面倾斜，发生水平压强梯度力而产生沿岸流，就形成沿岸的升降流。

还有一种原因也能够促使海流的形成，这就是海水中的热盐的影响。因为海水密度的分布与变化直接受温度、盐度的支配，当分布不均匀时，海面的压力就会发生巨大的变化，从而产生一种引起海水流动的力，导致了海流的形成。另外海面上的增密效

应，又可直接引起海水在铅直方向上的运动。

海流能把空气中的氧气送到海洋的深处，有利于海洋生物的生长；海流还能调节气候，把热量带到寒冷的地方。

延 伸 阅 读

南半球的海流方向与北半球相反，逆时针方向流动。过去，航行在海洋上的船只，经常将装有文字记录的瓶子投进海洋，传递各种信息，如历险经历、爱情记录和秘密情报等。

海洋中的暖流

太平洋上的北赤道洋流大致从中美洲西部海域开始，从东向西流动，至菲律宾群岛，主流沿群岛东侧北上，形成黑潮。其温度高，盐度大，水色呈现蓝黑色，透明度大，是世界上仅次于湾流的第二大暖流。

1953年，黑潮，即暖流偏离了常年的轨道，大约向南移动了

170千米。就在翌年，我国江淮流域出现了百年未见的大水。

1958年，它再次北偏。结果，长江流域再次发生干旱，同时，华北有涝情出现。

类似的情况还发生了好几次。我国气象工作者研究，找到了其中的规律性。

原来，海洋水温对大气有直接影响。据科学家计算：1立方厘米的海水降低2℃释放出的热量，可使3000多立方厘米的空气温度升高。而海水又是透明的，太阳辐射能传至较深的地方，使相当厚的水层贮存着热量。假若全球100米厚的海水降低1℃，其放出的热能可使全球大气增加60℃。

另外，高温的黑潮与北方相对低温的海水之间，存在着明显的温度差，形成了一条很强的海洋锋区，通过海洋与大气间的相互作用，就会使气候发生变化。

大气锋区正是冷暖空气交界的地方，也是降雨的区域。所以，才会有以上现象的发生。

下面是不同海域出现的暖流：

对马暖流：太平洋南赤道暖流遇苏门答腊岛后，形成的暖流的北半部分为对马的暖流，起源我国的黄海海域。因流经日本九州岛和朝鲜半岛间的对马海峡而得名，北至库页岛西侧。

莫桑比克暖流：南印度洋西部的暖流。印度洋南赤道洋流遇非洲大陆转向，其中一支沿非洲东岸，与马达加斯加岛之间的莫桑比克海峡南流，形成莫桑比克暖流。

由此可见，海洋长期积蓄着的大量热能，成为一个巨大的

"热站"，通过能量的传递，不断地影响着气候的变化。

暖流可以使沿岸增加湿度并提高温度，更有助于生物的生长与发展。若是能够充分开发和利用海洋中积蓄着的热能，就会降低热能生产成本，造福人类。

延 伸 阅 读

亲潮发源于白令海峡，沿堪察加半岛海岸和千岛群岛南下，又称为千岛寒流。亲潮比黑潮规模小，流至北纬30度至40度附近海区，与黑潮汇合，折向东流，并与阿拉斯加暖流共同组成逆时针方向流动的副极地环流。

海洋潮汐的产生

　　到过海边的人都知道，海水有涨潮和落潮现象。涨潮时，海水上涨，波浪滚滚，景色壮观；退潮时，海水悄然退去，露出海滩。

　　我国古书上说："大海之水，朝生为潮，夕生为汐。"那么，潮汐是怎样产生的？

　　古时候，很多科学家、哲学家都探讨过这个问题，提出过一些假想。古希腊哲学家柏拉图认为地球和人一样，也要呼吸，潮汐就是地球的呼吸。他猜想这是由于地下岩穴中的振动造成的，就像人的心脏跳动一样。

　　现在人们已经明白了潮汐现象是如何发生的。最主要的原因是由月球引潮力引起的。这个引潮力是月球对地面的引力，加上地球、月球转动时的惯性离心力所形成的合力。

　　月球像个巨大的磁盘，吸引着地球上的海水，把海水引向自己。同时，由于地球也在不停地做自转运动，海水又受到离心力的作用。一天之内，地球任何一个地方都有一次对着月球，一次背着月球。对着月球地方的海水就鼓起来，形成涨潮。

　　与此同时，地球的某个另一点上的惯性离心力也最大，海水也要上涨。

所以，地球上绝大部分地方的海水，每天总有两次涨潮和落潮，这种潮称为"半日潮"。

而有一些地方，由于地区性原因，在一天内只有一次潮起潮落，这种潮称为"全日潮"。

不光月球对地球产生引潮力，太阳也具有引潮力，只不过比月球的要小得多，只有月球引潮力的5/11。但当它和月球引力叠加在一起的时候，就能推波逐澜，使潮水涨得更高。

农历每月初一时，月球和太阳转到同一个方向，两个星球在同一个方向吸引海水。

而农历每月十五，月球和太阳转到相反的方向，月球的明亮部分对着地球，一轮明月高空挂。这时，两个星球在两头吸引海水，海潮涨落也比平时大。

我国人民把农历初一叫作朔，把农历十五叫望，因此这两天产生的潮汐就叫做"朔望大潮"。

现在，人们利用潮汐发电，也是能源开发的一个重要方面。

延 伸 阅 读

1661年4月21日，郑成功率领将士攻打赤嵌城时。选择了鹿耳门水道，其水道较浅，还有荷军凿沉的破船，此处设防薄弱。郑成功率领军队乘着涨潮航道变宽而且深时，攻其不备，顺流迅速通过鹿耳门，一举登陆成功。

海洋的探测方法

　　大家都知道，当我们对着山丘或高大建筑物高声喊叫时，声音会在碰到它们之后反射回来，这就叫作回声。而声音在水中传播的性能和速度，比在空气中传播的还要好，还要快。

　　声音在空气中的传播速度是每秒340米，而在0℃水中是1500米。此外声波在水中的衰减比在空气中小，因此，声音在水中比在空气中传播得更远。

声音在水中遇到障碍物之后，也会反射回来。这样，根据声波在水中的传播速度，只要测出声音从船上发射再反射到船上的时间，就能知道海洋的深度。

这即是利用回声来测量海深的道理。

但实际上，问题要比我们想象的复杂得多。这主要是由于声波在海水中传播的速度不是相同的，而是随海水温度、盐度和水深的变化而变化的，也就是说，海水下面存在着声速不同的水层。

如在温度为0℃的海水里，声音每小时可跑5000多千米，比在空气中的传播速度快4倍多；在30℃的海水里，它每小时可以跑5600多千米；在含盐多的水里，声音传播的速度要更快些。

此外，声音在穿过声速不同的水层时，会产生不同的折射。

因而声音碰到海底或障碍物也会拐弯，也就是说，声音在水中是沿着一条看不见的声道，弯弯曲曲前进的。

在水中进行观察和测量，具有得天独厚条件的只有声波。这是由于其他探测手段的作用距离都很短，光在水中的穿透能力很有限，即使在最清澈的海水中，人们也只能看到10多米至几十米内的物体；电磁波在水中也衰减太快，而且波长越短，损失越大，即使用大功率的低频电磁波，也只能传播几十米。

然而，声波在水中传播的衰减就小得多。在深海声道中爆炸一个几千克的炸弹，在20000千米外还可以收到信号。

低频的声波还可以穿透海底几千米的地层，并且得到地层中的信息。在水中进行测量和观察，至今还没有发现比声波更有效

的手段。实际上，声呐技术也是进行水下观测和通信的一种手
段。声呐也是利用了声波的回声原理来探测海水的不同界面、海
洋深度以及海底地形等。

延 伸 阅 读

第一次世界大战期间，德国的潜水艇发挥了很大的
威力。为了能够探测到潜水艇的位置，法国科学家郎之
万发明了用声波来探测潜水艇的方法。那就是，向水中
发射声波，并检查反射来的声波，这样就能捕捉到敌人
的潜水艇。

用之不竭的海洋能源

　　浩瀚的大海，不仅蕴藏着丰富的矿产资源，而且是一个巨大的能源宝库，仅大洋中的波浪、潮汐、海流等动能和海洋温度差能、盐度差能等物理化学能的存储量就非常惊人。

　　这些海洋能源都是取之不尽、用之不竭的可再生能源。

　　海洋能包括温度差能、波浪能、潮汐与潮流能、海流能、盐度差能、岸外风能、海洋生物能和海洋地热能等8种。这些能量是

蕴藏于海上、海中、海底的可再生能源，属新能源范畴。

所谓"可再生"，是指它们可以不断得到补充，永不枯竭，不像煤、石油等非再生能源，储量有限，开采一点就少一点。人们可以把这些海洋能以各种手段转换成电能、机械能或其他形式的能，供人类使用，永远不会枯竭，也不会造成任何污染。

潮汐能就是潮汐运动时产生的能量，是人类利用最早的海洋动力资源。我国在唐朝时期，其沿海地区就出现了利用潮汐来推磨的小作坊。

11世纪至12世纪，法、英等国也出现了潮汐磨坊。到了20世纪，人们开始懂得利用海水上涨下落的潮差能来发电。

人们根据潮汐潮流的变化规律，已经编制出各地潮汐与潮流的运动表，并能预测未来各个时间的潮汐大小与潮流强弱。潮汐电站与潮流电站可根据预报表安排发电运行。

波浪能主要是由风的作用引起的海水沿水平方向周期性运动而产生的能量。

波浪能既不稳定又无规律，但它所具有的能量也是非常惊人的。在1米长的波峰片上就具有3120千瓦的能量。

另外，海流能、海洋温差能、盐度差能等蕴藏的能量也是可观的，如果这些能源被充分利用起来，我们就可以节省许多不可再生的资源，同时保护了我们的海洋环境。

海洋能绝大部分来源于太阳辐射能，较小部分来源于天体，主要是月球、太阳，与地球相对运动中的万有引力。

蕴藏于海水中的海洋能是十分巨大的，其理论储量是目前全

世界各国每年耗能量的几百倍甚至几千倍。

　　由此可见，只要太阳、月球等天体与地球共存，这种能源就会再生，就会取之不尽，用之不竭。海洋能源的开发正受到全世界的关注。

延 伸 阅 读

　　墨西哥洋流在流经北欧时为0.1米长海岸线上提供的热量大约相当于燃烧6000万吨煤的热量。据计算，全球海洋的波浪能达700亿千瓦，可供开发利用的为20亿千瓦至30亿千瓦，每年发电量可达9万亿度。

不断变化的海岸线

海岸线即是陆地与海洋的分界线，一般指海潮时高潮所到达的界线。而且，这些海岸线还在不断地发生着变化。

就拿距今最近一次的海平面下落来说，海水在距今大约70000年前开始下落，一直至离现在两三万年前，海面退到最低点，持续时间达四五万年之久。当时的海平面要比现在海平面低100多

米，那时地球表面的海陆分布是个什么局面呢？

我国沿海地区，现在渤海平均水深只有21米；福建和台湾之间的台湾海峡，广东雷州半岛与海南岛之间的琼州海峡，水深都不足100米。

因此，当海平面下降100多米的时候，渤海消失了，台湾和海南岛与我国大陆连成为一块完整的大陆。

同样，由于我国东部的黄海海底大部分露出水面，朝鲜、日本和我国大陆之间没有了海水阻隔，也连接起来。

海岸线为什么会发生如此巨大的变化呢？其主要原因是地壳的运动。由于地壳下降引起海水的侵入或海水的后退现象，造成了海岸线的巨大变化，可以使原来的深海隆起成高山，也可以使高山沦为深海。这种变化直至今天也没有停止。

有人估算，比较稳定的山东海岸，如果纯粹由于地壳运动造成的垂直上升，每年约1.8毫米，如果再过1万年，海岸地壳就可上升18米。到那时，海岸线又会发生很大的变化。

海岸线的变化受气候的变迁和冰川的影响较大。在最近两三百万年间，地球上曾经发生过几次大冰期。冰期来临，气候变冷，地球上的水不断变成了雪降落在陆地上，最后堆积成很大的冰川，而不能流到海洋里。

由于降水的来源主要是海水蒸发，而大海中只有蒸发损失而没有雨水补充时，海洋里的水就会越来越少。这样一来，海平面就会逐渐降低，海岸线也就会向海洋推进了。

此外，海岸线的变化还受到入海河流中泥沙的影响。当河流将大量泥沙带入海洋时，泥沙在海岸附近堆积起来，长年累月，沉积为陆地，海岸线就会向海洋推移。

　　我国的黄河是世界上含沙量最多的一条大河，每年倾入大海的泥沙多达16亿吨。泥沙在入海处沉积，使黄河河口每年平均向大海伸长两三千米。

延　伸　阅　读

　　在地质年代第四纪中，现在的天津市地区曾发生过两次海水入侵。当两次海水退出时，最远的海岸线曾到达渤海湾中的庙岛群岛。但经过100万年的演化，现在的海岸线向陆地推进了数百千米。

海洋上的海雾

　　我国沿海每到春暖花开，由冷转暖的时候，经常会出现迷迷蒙蒙毛毛细雨的天气，能见度显著降低，甚至相距几米也难见踪影，这就是人们熟知的海雾。海雾主要产生于海上或海岸区域。

　　海雾是一种危险的天气现象，一年四季均有发生。它就像一层灰色的面纱笼罩在海面或沿岸低空，给海上交通和作业带来很大的麻烦，可谓是"无声的杀手"。海上船舶碰撞事件有60％至70％是由海雾引起的。

　　那么，海雾是怎么形成的呢？需要具备什么样的条件才能产

生呢？

　　海雾是在特定的海洋水文和气象条件下形成的。低层大气处于稳定状态时，由于水汽的增加以及温度的降低，近海面的空气逐渐达到饱和状态，这时，水汽以微细盐粒等吸湿性微粒为核心不断凝结成细小的水滴、冰晶或两者的混合物，悬浮在海面以上几米，几十米乃至几百米低空。

　　当凝结的水滴增大、数量增多，使天空呈现灰白色、能见度进一步降低时，便形成雾。

　　当暖湿空气移动到冷海面上空时，底层冷却，水汽凝结形成平流冷却雾。这种雾浓、范围大、持续时间长，多生成于寒冷区域，春季多见于太平洋的千岛群岛和大西洋的纽芬兰附近海域。我国春夏季节，东海、黄海区域的海雾多属于这一种。

　　冷空气流经暖海面时生成的雾为平流蒸发雾，多出现在冷季高纬度海面。

由海洋上两种温差较大且又较潮湿的空气混合后，从而产生了混合雾。

当风暴活动产生了湿度接近或达到饱和状态的空气，在冷季与来自高纬度地区的冷空气混合便形成了冷季混合雾。在暖季与来自低纬度地区的暖空气混合则形成了暖季混合雾。

当海面蒙上一层悬浮物质或有海冰覆盖时，夜间辐射冷却生成的雾，称为辐射雾。

辐射雾多出现在黎明前后，日出后逐渐消散。

在海滨、港湾和高纬度内海，由于油污或杂质覆盖在海面上生成的雾，称浮膜辐射雾；因海水蒸发而在低空积聚的盐粒层上形成的雾，叫盐层辐射雾；在高纬度冰雪覆盖的海面或巨大冰山

面上形成的雾，叫冰面辐射雾。

海面暖湿空气在向岛屿和海岸爬升的过程中，冷却凝结而形成的雾，称为地形雾。如青岛崂山东南坡和舟山群岛普陀山，春夏季节就经常云雾缭绕。

延 伸 阅 读

我国近海以平流冷却雾最多。雾季从春至夏自南向北推延：南海海雾多出现在2月至4月，主要出现在两广及海南沿海水域，雷州半岛东部最多；东海海雾3月至7月居多，长江口至舟山群岛海面及台湾海峡北口尤甚。

反复无常的海洋旋涡

你也许看过埃德加·爱伦·坡的短篇小说《卷入大旋涡》，在这篇小说中生动描述了挪威海岸一个悬崖边的强大的旋涡。

旋涡的中心是个巨大的"漏斗"，"漏斗"的内部是一个光滑的、闪光的黑玉色水墙，并在飞速地旋转着，速度快得使人感到目眩。旋涡不停地摇摆，在空气中发出一种令人惊骇的声响。

澳大利亚的海洋学家宣布，他们发现了一个如同爱伦在小说

中所描写的那样一个巨大冷水旋涡。这个旋涡直径长达200千米，深1000米。它剧烈旋转产生的能量，将海平面削低了一米，改变了洋流结构。

在全世界都会看到海洋旋涡的身影，在自然界中它们是一种正常的现象。

当不同的水流相遇便会产生旋涡，和它们的近亲空气漩涡，以及太阳与风的共同作用，这些海洋旋涡在影响天气的过程中，扮演了异常重要的角色。

海洋旋涡主要受海洋的涨潮和退潮控制。此外，它们还遵从一些数学规则。科学家对这些海洋旋涡只能进行部分预测。它们是剧烈混乱产生的现象，但也展示出具有某种结构、节奏，以及其他与秩序有关的特征。

海洋旋涡，虽然不能被形容为自然界中一个反复无常的奇异现象。但像悉尼附近海域这么巨大的海洋旋涡，在不可预见的天气事件中，尤其是在"厄尔尼诺"反常气候现象中，在秘鲁的大雨到堪萨斯的干旱中，都扮演着非常重要的角色。

海洋旋涡是不同来源的水流交汇导致的，这些水流有各自不同的温度和流速。

当不同的水流撞击在一起时，会产生不可预见的后果。这种不可预知性，与二氧化碳和甲烷气体的排放导致的不稳定性有关。这种不稳定性反过来导致了更加无法预测的水流的混合。

巨大的海洋旋涡，通常会持续大约一周时间，但有一些可能会持续一个月之久。

海洋旋涡一般不会停息下来，而是通过将小旋涡吸入它们之

中，使能量发生转移。

由此可见，海洋旋涡永远都不是那么稳定的，它们是一种反复无常的海洋自然现象。

延　伸　阅　读

悉尼海洋大旋涡非常怪异。当从一个视角或在一个特定的时间段观察时，它似乎很平静，但当从另一个地方或其他时间观察时，它又会变得非常狂暴。如果在它上面航行，水面看起来很平静，但却会使巨轮发生晃动。

厄尔尼诺现象

　　厄尔尼诺一词来源于西班牙语，原意为"圣婴"。19世纪初，在南美洲厄尔尼诺的厄瓜多尔、秘鲁等西班牙语系的国家的渔民发现，每隔几年，从10月至第二年的3月，会出现一股沿海岸南移的暖流，使表层海水温度明显升高。

　　南美洲的太平洋东岸，本来盛行的是秘鲁寒流。随着寒流移动的鱼群，使秘鲁渔场成为世界四大渔场之一。但这股暖流一出

现，性喜冷水的鱼类就会大量死亡，使渔民们遭受灭顶之灾。

由于这种现象最严重时，往往在圣诞节前后，于是遭受天灾而又无可奈何的渔民，将其称为"上帝之子圣婴"。后来，在科学上此词语用于表示在秘鲁和厄瓜多尔附近几千千米的东太平洋海面，温度的异常增暖现象。

当这种现象发生时，大范围的海水温度，可比常年高出3℃至6℃。太平洋广大水域的水温升高，改变了传统的赤道洋流和东南信风，导致全球性的气候反常。

厄尔尼诺并不是一种孤立的海洋现象，它是大气和热带海洋相互作用的结果。厄尔尼诺的爆发与结束，完全取决于由海洋和大气构成的动力学过程。

由于东南和东北太平洋两个副热带高压的减弱，分别引起东南信风和东北信风的减弱，造成赤道洋流和赤道东部冷水上翻的减弱，从而使赤道太平洋海水温度升高，形成了厄尔尼诺现象。

在厄尔尼诺现象发生的时候，海水增暖往往从秘鲁和厄瓜多尔沿海开始。接着向西传播，使整个东太平洋赤道附近的广大洋面，出现长时间异常增暖现象，造成这里的鱼类和以浮游生物为食的鸟类大量死亡。

厄尔尼诺现象，除了使秘鲁沿海气候出现异常增温、多雨外，还使澳大利亚丛林，因干旱和炎热而不断起火；大洋洲和西亚发生严重干旱；非洲大面积发生土壤龟裂；我国南部也发生干旱现象，沿海渔业减产，全国气温偏高，粮食大面积减产。

厄尔尼诺现象的决定因素，也就是海洋和大气系统内部的动力学过程的持续时间，决定了厄尔尼诺事件发生周期一般为2年至7年，平均每3年至4年发生一次。一般认为海温连续三个月在正常值以上，即可认为是一次厄尔尼诺事件。相反，如果南美沿岸海

温连续三个月正常值以下，则认为是反厄尔尼诺事件，又称"拉尼娜事件"。当前据气象学家的研究普遍认为：厄尔尼诺事件的发生对全球不少地区的气候灾害有预兆意义，所以对它的监测已成为气候监测中一项重要的内容。

延 伸 阅 读

1982年至1983年发生的强厄尔尼诺现象，使当时赤道东太平洋水温比常年高出4℃，这次强厄尔尼诺现象持续近两年，是多年罕见的。仅1982年全球就有四分之一地区受到异常气候的危害，损失惨重。